数学科学文化理念传播丛书 · 启迪译丛

数学传说故事

MATHEMATWIST: Number Tales From Around The World

[印] T.V.帕德玛 / 著
[印] 普罗伊蒂 · 罗伊 / 绘
王燕 / 译

大连理工大学出版社
Dalian University of Technology Press

图书在版编目(CIP)数据

数学传说故事 / (印) T.V.帕德玛著 ; (印) 普罗伊蒂 · 罗伊绘 ; 王燕译. -- 大连 : 大连理工大学出版社, 2024.11
(数学科学文化理念传播丛书. 启迪译丛)
书名原文: Mathematwist: Number Tales From Around The World
ISBN 978-7-5685-4839-7

Ⅰ. ①数… Ⅱ. ①T… ②普… ③王… Ⅲ. ①数学-普及读物 Ⅳ. ①O1-49

中国国家版本馆 CIP 数据核字(2024)第 010632 号

数学传说故事 SHUXUE CHUANSHUO GUSHI

责任编辑:王 伟 李宏艳
责任校对:周 欢
封面设计:冀贵收

出版发行:大连理工大学出版社
(地址:大连市软件园路 80 号,邮编:116023)
电 话:0411-84708842(营销中心)
0411-84706041(邮购及零售)
邮 箱:dutp@dutp.cn
网 址:https://www.dutp.cn

印 刷:大连图腾彩色印刷有限公司
幅面尺寸:147mm×210mm
印 张:4.5
字 数:79 千字
版 次:2024 年 11 月第 1 版
印 次:2024 年 11 月第 1 次印刷
书 号:ISBN 978-7-5685-4839-7
定 价:39.00 元

本书如有印装质量问题,请与我社营销中心联系更换。

序 言

小时候，我热爱语言的世界，就像热爱数学的世界一样。当我上大学时，我不得不排出优先次序，我选择了后者，而这是从未令我后悔的选择。令人高兴的是，在这本书中——我最爱的项目之一——我能够将两者结合起来！

这本书中的故事适合任何年龄段的任何人。但是，对那些希望对这本书中所涉及的数学概念的“水平”有更精确了解的人，这些主题通常会在印度 6、7 和 8 年级的课堂上介绍，在英国则是 K–2 阶段水平，而在美国是在中学课堂上讲述的。

与其他任何项目一样，我很幸运，能够得到家人、众多朋友和同事的帮助，我要一并感谢他们。首先也是最重要的，感谢我的丈夫瑞纳·罗曼（Rainer Lohmann）对我所有的写作努力坚定不移的支持；感谢我的母亲，安比扎·文卡特拉曼（Ambujam Venkatraman），对我和我所决定去做的任何事都保持毫不动摇的信心;感谢我的“数学家”朋友，万·福金克（Wan Fokkink）和尼图·克赤鲁（Nitu Kitchloo），慷慨地提出查看本书中的数学内容；感谢我的表妹，米娜·思瑞德（Meena Sridhar），花费了大量时间和精力，用她专业的眼光检查本书中的数学概念；感谢肖巴纳·苏雷什（Shobana Suresh）、阿哈利亚·阿南特（Ahalya Ananth）、普拉巴·拉奥（Prabha Rao）、西瓦·山德瑞森（Siva Sundaresan）和马克汉姆·文卡特拉曼（Marakatham Venkatraman），他们都以不同的方式，在不同的时间给予我帮助；感谢我的朋友安妮塔·谢特（Anita Shet）真诚的热情；感谢卡特里斯·利帕（Katrice Lippa）和亚德（Yared）提供地道的埃塞俄比亚地名；感谢保罗（Paul）、西尔维娅（Sylvia）、莎伦（Sharon）、罗伯塔（Roberta）及北·金斯敦（North Kingstown）、詹姆斯敦（Jamestown）和罗德岛大学帮助过我的图书管理员们；感谢迪亚（Deeya）、瑞德卡（Radhika）、圣提亚（Sandhya）和印度图利卡（Tulika）出版社其他人的辛勤工作；感谢拿纽·吉塔巴（Nannu Chithappa）、巴努姆斯·马玛（Bhanumurthy Maama）、马拉提·阿卡（Malati Akka）、舒巴·阿卡（Shuba Akka）和吉娜·阿卡（Chinna Akka）激发了我早期对写作和数学的兴趣；最后但同样重要的一点是，在我担任英伍德学校校长时，我与孩子们分享了我对科学和数学的热爱。

我还要感谢精粹基金会（Highlights Foundation）和卡鲁斯（Carus）出版社，感谢*Highlights*杂志主编克里斯汀·弗伦奇·克拉克（Christine French Clark），以及卡鲁斯出版社主编罗·瓦瑞西娅（Lou Waryncia），分别允许我重新使用“公平的分配”（首次出现在*Highlights for Children*杂志中）和“（整）分骆驼”（首次出现在*Odyssey*杂志中）。

有两本精心研究写成的关于科学和数学的非欧洲根源的著作，它们正是我自己研究这个主题的起点。它们是迪克·特雷西（Dick Teresi）的《迷失的发现》（*Lost Discoveries*）和乔治·格维盖斯·约瑟夫（George Gheverghese Joseph）的《孔雀冠》（*The Crest of the Peacock*）。卡罗尔·沃德曼（Carol Vorderman）的《数学如何起作用》（*How Maths Works*）是我的另一个灵感来源。我要非常感谢他们及其他在这些领域普及科学和数学的才华横溢的作家。

本书谨献给希德汉特·斯里达尔（Siddhanth Sridhar）、罗山（Roshan）和里希·谢特（Rishi Shet）、阿俊·达拉夫（Arjun Dhruve）、梅加·克野那穆提（Megha Krishnamurthi），米拉·克里希纳穆尔蒂（Meera Krishnamoorthy），阿迪蒂

亚·文卡特拉曼（Aditya Venkatraman），阿拉希·拉马钱德兰（Arathi Ramachandran），阿什温·卡曼巴提（Ashwin Khamambhatty），阿鲁尔·文卡特什（Arul Venkatesh）和卡延·费尔南德斯（Kalyan Fernandes），希望他们永远热爱书籍和数学。

目 录

一、第八头驴

—— 一个亚美尼亚的数数故事

一位亚美尼亚商人决定卖掉他饲养的几头驴。在他离开家之前，他的妻子对他说：“你一定要经常数一数驴。把七头驴紧紧地拴在一起，把它们都卖掉。千万别在路上丢了任何一头。”

商人点点头。他数了数，一共有七头驴。接着，他便骑上其中一头驴，出发了。

去市场的路很长。当他走了路程的四分之一时，他又数了一遍驴，以确保它们都还在。

“一、二、三、四、五、六。”他数着。可是，第七头驴在哪里呢？他在自己眼前看不见它，在自己身后也看

不见它。

“我丢了一头驴。”他担心地说，于是，他从驴身上跳下来，确保他已经用绳子好好地把它们拴住了。他检查了所有的绳结。它们看起来足够紧。也许，是他刚才数错了。

“一、二、三、四、五、六、七。”他又数了一遍。七头驴都在！他很高兴，骑上其中一头驴，又继续向市场走去。

到市场还有很长的路要走。当他走到路程的一半时，他又一次数了数他的驴，以确保它们都还在。

“一、二、三、四、五、六。”他数着。但是，第七头驴在哪里呢?

他在自己眼前看不见它，在自己身后也看不见它。

“我的妻子该多伤心啊！” 他担心地想，怎么会丢了一头驴呢?

商人很沮丧地从驴上跳了下来，又一次去数他的驴。

“一、二、三、四、五、六、七，啊！它们都在这儿呢！”他如释重负，爬上驴，继续向市场走去。

当他走了路程的四分之三时，他决定再一次检查一下他的驴。

“一、二、三、四、五、六。”他数着。

“什么？”他喊了出来，“又是六头驴！”

他的前面没有，他的后面也没有。第七头驴怎么又消失不见了呢？

“我一定是错过了什么。”他想。于是，他在附近的一家小酒馆停了下来，把驴子们拴好，走进小酒馆，喝了一大杯水。

“那是你的七头驴吗？”小酒馆的主人看着窗外问道。

“是的，确实是，”商人激动地说，“你看到了七头驴吗？”

小酒馆的主人凑近仔细地看了看。

“怎么了？是七头驴啊！”他说。

“你确定吗？”

“当然了。”小酒馆的主人有点困惑地说。

商人高兴地跑了出去，又一次数了数他的驴。是的，确实是七头驴！

“我确实还有七头驴，我明白啦！”他自言自语道，“这一切多神奇啊！”

商人继续向市场走去，就在快到市场的时候，他最后一次检查他的驴。那难以捉摸的第七头驴又消失不见啦！

“它去哪儿了呀？”他很担心。

他试图让自己冷静下来。“看起来，当我站在地上的时候，我总是有七头驴，”他想，“也许我应该下来再数一数，看看我是不是还有第七头驴。”

于是他从驴上跳下来，数了数，果然，第七头驴又出现了。

到了这时候，商人已经非常担心了。

“这些驴都很贵，”他想，“我快到市场了，为了确保我不会失去这第七头驴，我最好走着去市场。”

于是，他牵着驴走在去市场的路上。

在他前面不远处，他看到一位美丽的年轻女士走在她父亲的身边。

“我们没有动物可以骑，”她对商人说，“所以我们走着去市场。可是你为什么要走路而不是骑驴去市场呢？”

商人洋洋得意，解释道：“我在这次去市场的路上发现了一件非常有趣的事。我一开始有七头驴，但是，每当我骑上其中一头驴时，我就发现我只有六头驴了。当我从驴身上跳下来，我就会发现我确实有七头驴。我当然更愿意有七头驴可以卖，而不是六头驴啊！所以我决定步行去市场，这样最安全，也可以确保我不会失去我的第七头驴。”

这位女士看起来很开心。

“就只有七头驴吗？”她问，“我看我眼前至少有八头驴呢！”

“八头驴？”商人疑惑地问。

“是的，”她微笑着说，“在我看来，有八头驴要去市场。”

这位女士看起来很聪明，商人不愿意再去麻烦她。当他到达市场时，他大声喊道：“卖驴喽！八头驴！卖驴喽！八头驴！”

一个富人走过来，看着商人的驴。

“八头驴？”他惊讶地说，“我只看到了七头驴啊。”

“这可真是太神奇啦，”商人说道，“我一开始有七头驴，但在路上，我碰到一个看着很聪明的年轻女士，她说她在去市场的路上看到了八头驴。”

富人笑着，他们一起数了数，商人发现他只有最初的那七头驴。于是，富人付了钱，带着七头驴走了。

在回去的路上，商人对发生的一切疑惑了一阵子，但是，最后，他还是很满意自己所做的，至少他已经完成了他一开始想做的事。他也挣了不少钱。

“那个可怜的女人根本不像她看上去那么聪明，”他想，“她一定没学过怎么数数。”

回家的路上，他都在为那个可怜的、不会正确数数的女士感到遗憾。

延伸阅读　回到最初……

数学，起源于计数和记录的需要。在世界各地，人们发现古代文明有着独特而有趣的计数方式。

在非洲中部乌干达共和国和刚果民主共和国之间有一个叫伊尚戈（Ishango）的地方，考古学家在这里挖掘出土了新石器时代人的遗骸。最有趣的发现之一是，一根古老的骨头，它看上去显然是某种工具。它上面刻着一组线条，线条的粗细长短不均匀，所以不会是用来作装饰的。一些数学家和考古学家认为，这块骨头显示了伊尚戈人已经形成了很好的算术意识。骨头可能就是他们记录季节流逝的一种方式，就像日历一样。

南美洲的印加人有一个高度复杂的计数系统，被称为“奇普”，意思是“结”。一个“奇普”由一组线或细绳构成，通常会被染成不同的颜色。一组线或细绳包含许多不同类型的结。在15世纪左右，印加帝国的发展达到顶峰，它覆盖了现在的南美洲的秘鲁（Peru）、玻利维亚（Bolivia）、智利（Chile）、厄瓜多尔（Ecuador）和阿根廷（Argentina）。据说，印加人使用“奇普”保存了关于他们国家的重要的数字记录。例如，在印加帝国的不同省份约有600万的人口。

在中美洲，16世纪末的玛雅帝国，延伸到了现在的伯利兹（Belize）、危地马拉（Guatemala）、萨尔瓦多（El Salvador）和洪都拉斯（Honduras）。他们发明了一种数字系统，其中数字用点和线写成。这个系统最有趣的一点就是玛雅人独立发明了“零”。玛雅人甚至发明了一个表示“零”的符号！据说古巴比伦人和古印第安人也分别独立发明了“零”。很奇怪，不是吗？古代的人们，在世界各个不同的地方，各自独立地作出了非常相似的发明。

二、把一条线变短

—— 一个印度戏剧故事

角　色：

旁　白

阿克巴（莫卧儿帝国的第三代皇帝）

比尔巴尔（很有智慧的大臣）

四个朝臣

场　景：花园。舞台的前面是一堆新挖的泥土。在后面，阿克巴和比尔巴尔走着，沉浸在交谈之中。朝臣们站在舞台前面。

旁　白　从前，在印度，有一位莫卧儿帝国的皇帝，他叫阿克巴。在他的宫廷中，最聪明的人是比尔巴尔，他深受阿克巴的喜爱。这让其他朝臣很嫉妒 ——如果阿克

巴喜欢的是他们，他们自然就会更开心。因此，他们时不时地酝酿计划，想要使得比尔巴尔在阿克巴面前看起来很傻。有一天，阿克巴和比尔巴尔在花园里散步，像往常一样，后面跟着那些心怀不满的朝臣……

朝臣1　看看他们，总是在一起。

朝臣2　除了比尔巴尔之外，皇帝没有时间理会任何人。他给皇帝的印象太深刻啦！

朝臣3　但比尔巴尔是有智慧的，而且说话还那么诙谐！他让胡佐尔[①]笑了。

朝臣4　是的，他还能解决皇帝面前出现的任何问题。

朝臣2　哈哈！我们很快就会看到他有多聪明。听着，我有一个主意……

他们挤在舞台的一角，窃窃私语。阿克巴和比尔巴尔坐下。然后朝臣1走到阿克巴面前，深深地鞠了一躬。

---

① 胡佐尔（Huzoor），古代对有权势的人的尊称，类似于“大人”。——译注

朝臣1　胡佐尔，我们刚刚讨论了一个简单的关于智慧的测试。我们觉得您可能会感兴趣。

阿克巴　（笑）好心人，是什么测试呢？

朝臣2　一个每个人最后都会失败的测试，胡佐尔。

阿克巴　胡说！在我的朝廷上，有一个人可以完成别人不可能做到的事情。你和我一样清楚，知道那个人是谁。

朝臣3　您是说比尔巴尔吗，胡佐尔？

阿克巴　当然啦！

朝臣4　请您原谅，但是恕我直言，胡佐尔，这是一个连他都解决不了的问题。

阿克巴　嗯！你听到了吗，比尔巴尔？你准备好迎接挑战了吗？

比尔巴尔　（鞠躬）我很乐意尝试，胡佐尔。

朝臣们聚集在阿克巴和比尔巴尔的周围。

朝臣2　（对比尔巴尔说）在泥地上画一条线。

阿克巴　来，拿上我的御用权杖，比尔巴尔。用它来画线。

阿克巴递给比尔巴尔一根权杖。比尔巴尔向阿克巴鞠躬，然后用权杖在地上画了一条又长又漂亮的线。

朝臣1　现在，在不碰到线的情况下，将其变短。

比尔巴尔　你的意思是我必须以某种方式缩短这条线，但是不能擦掉线的任何一部分？

朝臣4　就是这个意思！在不做任何改动的情况下，把线变短。（跟朝臣2窃窃私语：现在来看比尔巴尔丢脸吧！）

比尔巴尔若有所思地看着这条线。他绕着它走了一圈，然后蹲在它旁边。朝臣们面面相觑。

阿克巴　加油，比尔巴尔！这对你来说肯定不是太大的挑战吧？

比尔巴尔　给我一点时间，胡佐尔。

旁　白　看起来，朝臣们这次要成功了……这是一个难题，即使对于比尔巴尔来说，这也是一项艰难的任务。在不碰触的情况下让一条线变短，这有可能做到吗？

比尔巴尔　（对阿克巴）这是可以做到的，胡佑尔。（他微笑着站起来。）

阿克巴　（高兴地）可以吗？

朝臣们满脸惊讶和沮丧。

比尔巴尔　我可以再次借用您的权杖吗，胡佐尔？

阿克巴　当然！

比尔巴尔接过权杖，在旧的线旁边又画了一条线，比第一条线长得多。

比尔巴尔　（把权杖还给阿克巴）第一条线现在更短了，胡佐尔。

朝臣们看着这两条线，一片愕然。

朝臣4　但是……但……那是另一条线……

比尔巴尔　是的，确实是。但是，它让第一条线看起来更短了，不是吗？难道这不是你想要的吗？

阿克巴　（鼓掌）哦，太棒了！我知道的，亲爱的比尔巴尔！我就知道你会有办法的。这次我是有点担心的……但你的想法如此不同。跟着你一起思考可真是一件有趣的事儿！

阿克巴自然而然地摘下了他的一条宝石项链，把它送给了比尔巴尔，同时还给了他一个温暖的拥抱。他们随即离开了，留下郁郁寡欢的朝臣们。

旁　白　于是，朝臣们让比尔巴尔丢脸的计划又一次失败了！而这却让比尔巴尔看起来比以前更有智慧了！比尔巴尔一直是阿克巴最有智慧、最受爱戴的大臣，直到他生命的最后一刻。

延伸阅读　大小的智慧……

比尔巴尔闻名天下的智慧，部分来源于他懂得如何用“与众不同”的方式去思考，正如阿克巴所指出的，他已经跳出了框框。见到把线变短这个问题时，他很快就意识到，“缩短”意味着比较大小，因此他将问题切换到另一条轨道去思考。

把数字排序并比较其大小是一个重要的数学概念，有着特殊的符号。数学家发明了一种快速写“大于”和“小于”的方法。大于的符号是>，小于的符号是<，所以，我们可以写2<20（而不是写2小于20），或者，我们也可以写20>2（这是一种数学方法，来表示20是大于2的）。

阿拉伯数字由以下一个或多个“数字”组成：0，1，2，3，4，5，6，7，8和9。如果一个列表中所有数字的位数相同，并且它们都是正数（大于0，如1，2，10，11，122，156，等等），那么人们很容易根据大小来排列数字的顺序。例如，如果您需要对三位数120，241，259进行排序，您需要这样做：找到首位数字最小的数字，这个数字就是最小的那个数。本例中，120是最小的数字，因为它的首位数字是1，而另外两个数字的首位数字是 2。

应该如何比较其他两个数字呢？这两个数字都以2作为首位数字。从左向右看，第二位数字小的数就要小于第二位数字较大的数。数字241的第二位数字4小于数字259的第二位数字5。所以120是这三个数字里最小的，259是这三个数字里最大的。现在，您可以写成120＜241＜259（或120小于241，241小于259）。

当您从小到大排列数字时，被称为“升序”。当然，您也可以把它们反向排列，从大到小，这就被称为“降序”。按降序排列这三个数字，就应该是259＞241＞120（或者说259大于241，241大于120）。

如果数字的位数不同怎么办？那么，可以假设所有数字都是正数（大于0）和整数（没有小数或小数部分），那么您可以这样做：根据数字的位数对数字进行分组。位数较少的数字应小于位数较多的数字。

例如，如果您有69，320，14，55和3 567这五个数字。请首先将数字分组。69，14和55是两位数，因此它们更短，并且都小于三位数。在这组两位数中，您应该使用上面提到的规则排列它们。按升序排列，可以写成14，55，69或14<55<69。接下来呢？三位数320比四位数3 567短而且小。所有正三位整数都小于所有正四位整数。所以，320<3 567。将它们一起按升序排列，可以写成14，55，69，320，3 567或14<55<69<320<3 567。或者，同样地，可以按降序写成3 567，320，69，55，14或3 567>320>69>55>14。请记住，这仅适用于正数，不适用于负数！

三、双倍麻烦
—— 一个关于质量的罗马故事

罗马将军特伦提乌斯在一场战役胜利后返回故里。

当他登上通往参议院的楼梯时，人群欢呼起来，他的头盔在阳光下熠熠生辉。

“恺撒万岁！”特伦提乌斯敬礼。

“欢迎，特伦提乌斯！”恺撒回答道，“作为对你为罗马所作贡献的奖励，你将在参议院占有一席之地。

特伦提乌斯鞠躬致谢，但沉默不语，因为他认为自己得到的不应该只是成为参议院一员的荣誉。

“你还有什么想要的吗？”恺撒问。

“慷慨的恺撒啊，”特伦提乌斯说，“在受人尊敬的参议院拥有一个职位是一个很大的奖励。但我想在富足中度过余生。难道国库里没有足够的钱，赐给我100万第纳尔[①]吗？”

“100万？”恺撒震惊了。那会把国库榨干的！但是人群正在大声欢呼着，呼吁批准特伦提乌斯将军的请求，恺撒不得不快速思考。

“勇敢的特伦提乌斯，”恺撒说，“一个伟大的战士必须得到一个与之匹配的巨大奖励。让我提出一些配得上你的力量，并且持续不断地提醒我们这一点的东西吧！与其给你我们通常使用的铜币，不如让我们专门为你制作特殊的硬币。

“今天，你可以从我们的国库中取出一枚铜币，但是，从明天开始，我们将专门铸造硬币来纪念你的胜利。明天，你将得到一枚硬币，它的质量是第一枚铜币的两倍，价值也是第一枚铜币的两倍。后天，我们将给你做第

① 第纳尔是罗马共和国流通的一种铜币。——译注

三枚硬币，它的质量会是第二枚硬币的两倍，价值也是第二枚硬币的两倍。在你返回后的第四天，我们将确保铸造一枚硬币，其质量和价值是第三枚硬币的两倍。”

“每天都会有一枚硬币等待着你，它的质量和价值都是前一天那枚硬币的两倍。你要亲自把硬币拿回家，罗马人民会为你欢呼。”

恺撒建议的奖励很有趣，大家都很高兴。他们兴奋地叫喊着。

“恺撒，我感谢您的慷慨！”特伦提乌斯喊道，当想到他即将带走的所有的钱时，他的眼中闪闪发光。“这确实是公正的奖励。”

“来吧，让我们来拿你的第一枚铜币，”恺撒说着，便带特伦提乌斯来到了国库。特伦提乌斯抓起一把铜币。

“今天就一个。”恺撒提醒他。

恺撒让人称量了这枚铜币。大约是5克。他下令铸造一枚10克的硬币，价值是第一枚铜币的两倍，让特伦提乌斯第二天拿走。

第二天，特伦提乌斯轻松地把它拿走了。第三天，他拿走一枚重20克，价值相当于4枚铜币的硬币。第四天，他拿走一枚重40克，价值相当于8枚铜币的硬币。第五天，他拿走一枚重80克，价值相当于16枚铜币的硬币；第六天，他拿走一枚重160 克，价值相当于32枚铜币的硬币。

特伦提乌斯是一个强壮的人。每天，人们都看着他骄傲地拿着一枚硬币，高高地举过头顶。

第七天，恺撒铸造了一枚重320克，价值相当于64枚铜币的硬币。第八天，恺撒亲切地迎接将军，他带走了重640克，价值相当于128枚铜币的他的专属硬币。

第九天，天一亮，将军拿走了一枚重1.28千克，价值相当于256枚铜币的硬币。第十天，将军拿走了一枚重2.56千克，价值相当于512枚铜币的硬币。第十一天，将军拿走了一枚重5.12千克，价值相当于1 024枚铜币的硬币。

众人注意到将军不再把硬币举过他的头顶了。

第十二天，将军带走了一枚重10.24千克，价值相当于2 048枚铜币的硬币，恺撒特意过来关切地询问特伦提乌斯，这枚硬币是不是让他感到疲惫。

特伦提乌斯仰头大笑。“要让我感到疲惫，那可需要很长时间呢，尊贵的恺撒。”他说。

第十三天，特伦提乌斯的硬币重20.48千克，价值相当于4 096枚铜币。在正午的烈日下，当将军带着硬币离开时，大家注意到他戴着的头盔下面滚下了一颗汗珠。

第十四天，特伦提乌斯在重达40.96千克硬币的重压下皱着眉头，没有微笑。他提醒自己，这枚硬币价值很高：价值相当于8 192枚铜币。

第十五天，恺撒对特伦提乌斯露出了热情的微笑。“今天的硬币重约82千克，”他说，“这肯定不会超过一个强大的战士的体重吧？”

“我肩上扛过很多人！”特伦提乌斯回答道，然后把那枚价值16 384枚铜币的硬币背到他宽阔的后背上。他离开了，背着沉重的负担离开了。

第十六天，将军背着的是一枚重达163.84千克的硬币，他双腿发抖，汗水不停从头盔下流淌下来。

“32 768。”他一边气喘吁吁地低声自言自语，一边沿着人群为他闪开的路走了。

第十七天，特伦提乌斯在地上滚动着他那枚重达327.68千克，价值相当于65 536枚铜币的硬币。

第十八天，特伦提乌斯不得不用他的长矛作为杠杆，撬起并推动为他铸造的重达655.36千克，价值相当于131 072枚铜币的硬币。

“没有小偷可以偷走那个硬币。”恺撒指出。

“够了，恺撒，够了！”特伦提乌斯喘着气，“这是我最后一次来国库了。我再也不想要硬币啦。”

恺撒笑了。特伦提乌斯要求的是100万第纳尔或500万枚铜币。而现在他却只得到了价值不到30万枚铜币的钱。

恺撒为罗马城节省了一大笔钱。

延伸阅读　跟着数字……

罗马人的质量单位里没有“千克”，但是，为了简单起见，在这个故事中使用了“千克”。他们甚至用一种非常奇特的方式来写数字，至今仍在被使用。例如，用在国王和王后的名字中。Elizabeth III看起来显得比Elizabeth the 3rd高贵得多，不是吗?

罗马人用这些符号写数字1~10：I，II，III，IV，V，VI，VII，VIII，IX，X。50有一个特殊的符号，是L，100的符号是C，1 000的符号是M。一些罗马数字是相加而来的。例如VI（数字6），实际上是V加I，或者说是5+1。VII（数字7），是V后跟两个“I”，这意味着5+1+1等于7。有些数字是基于减法的：例如IX（数字9），表示X减去I，即10-1。

不过，罗马数字并不常用。这是因为，它们不像我们常用的数字（0，1，2，3，4，5，6，7，8和9）那样连贯。这种印度-阿拉伯数字系统是当今世界使用最广泛的数字系统之一，它是几个世纪前在印度发明的，而且据说是随着阿拉伯商人一起向西旅行而传播开来的。

为什么这个系统如此受欢迎？印度-阿拉伯数字基于位值系统——这意味着每个数字的位置对彼此都很重要。这些数字也很容易识别，并且以一致的逻辑发展，从而为我们提供了很多清晰的信息。例如，当我们写数字10时，这意味着数字包含一个“单位十”、零个“单位一”。当我们写123时，我们是在传达这个数字由一个“单位百”、两个“单位十”、三个“单位一”来组成的。换句话说，123=[（1×100）+（2×10）+（3×1）]。其他一些古老的书写系统，例如古汉语数字系统，也有位值系统。

印度-阿拉伯数字系统让人类得以梦想更高水平的数学，让算术世界变得更简单，也更容易进入。对于大多数其他数字书写形式来说，即使是稍微复杂的计算也会变得很困难。来看看这个问题：19×100＝？在印度-阿拉伯数字系统中，很容易，不是吗？是的。19×100＝1900。但是，如果按照罗马方式书写，相同的计算将表示如下：XIX×C。答案1900会被写为MCM[1]——看上去很宏伟，但使用起来不方便。

---

① MCM的含义为1000+（1000-100）。

四、神奇的方块（幻方）

—— 一个戏剧化的中国故事

角　色：

旁　白

大禹（中国夏代第一位皇帝）

四个朝臣

场　景：皇帝和他的朝臣站在一艘船上，背景是水。舞台前面是岸边，有一只巨大的乌龟。

旁　白　距今四千几百年前，中国夏代有一位伟大的皇帝，名叫大禹，他统治着中国。这位皇帝目光敏锐，而他的头脑更加敏锐。在一个美好日子里，皇帝和他的朝臣乘坐美丽的小船沿着洛河漂流……

皇　帝　（指着河岸）看！看！

朝臣1　　陛下，您看到了什么？

皇　帝　　看，那边有只乌龟爬上岸了！停船。我想要下船。

皇帝和他的朝臣下了船。

皇　帝　　把那只乌龟拿给我。

一位朝臣拿起乌龟。举起它向观众展示，然后把它交给皇帝。

皇　帝　　太厉害了！真是大自然的奇迹啊！

朝臣2　　陛下？哦，是的，多可爱的颜色啊！

朝臣3　　多么坚固的外壳啊！

朝臣1　　不不不，陛下说的是它的大小。

旁　白　　不，不。皇帝精通数学……

皇　帝　　不是颜色，也不是尺寸。看，乌龟背上的方块——难道它们不会令人感到痴迷吗？

旁 白　但是，非常不幸，他的朝臣没有觉得……

三位朝臣挠头，一脸疑惑。

旁 白　除了这个……

朝臣4　横向有3个方块，纵向有3个方块。这是一个网格，陛下。

皇 帝　是的！在这个网格里面的是点。这是一个信息！一个非凡的数学信息，写在一只乌龟背上！

皇帝举起乌龟向观众展示，然后把它递给其中一位朝臣。

旁 白　可怜的朝臣把这只乌龟仔仔细细看了个遍，但是……

朝 臣　（一起说）信息？

皇 帝　数数那些点！

旁 白　啊！数数啊，那他们知道该怎么做……

朝臣3　（数数）最上面这一排第一个方块上有八个点，第二个方块上有一个点，第三个方块上有六个点。

朝臣1　中间一排的方块上分别有三个、五个和七个点。

朝臣2　最下面一排方块上分别有四个、九个和两个点。所以……？（他绝望地转身向朝臣4寻求帮助。）

朝臣4　这些是乌龟背上的神奇的方块，我杰出而聪明的陛下！

皇帝微笑着点点头。另外三人焦急地窃窃私语。

皇　帝　第一行的点数之和是十五，第二行的点数之和是十五，第三行的点数之和也是十五。

朝臣4　你数过每一列的点数总和了吗？陛下？

皇帝盯着乌龟，乌龟仍然被一名朝臣举着。

皇　帝　所有列的点数和也都相同。真是令人难以置信！

朝臣4　对角线的点数和也是如此。全部点数加起来都是十五。

皇 帝　（把乌龟小心翼翼地抱回宫里。）这可是一个宝藏。我希望只要它还活着，就能够得到很好的照顾。

旁 白　那只乌龟就像所有的乌龟一样，活了很长很长时间。事实上，甚至比皇帝活得还久。它在皇宫的花园里安静地漫步。来自世界各地的游客都对它背上的神奇方块图案惊叹不已，后来，这个神奇方块图案被命名为“洛书”[1]。

① 洛书是比较简单的三阶幻方，也是世界公认的最古老的幻方。——译注

延伸阅读　数字很好玩儿……

神奇的方块（幻方）是一组由数字组成的方块网格，其中每一行和每一列的数字加起来都等于相同的数。因此，如果你沿着对角线、水平线，或者垂直线将数字相加，最终会得到相同的答案。

一个创建幻方的方法是通过反复试验。当然，这需要很长时间，特别是如果方块数大于故事中的3×3。比如一个4×4的幻方，它比3×3的幻方多了很多工作要做。

如果你仔细观察你面前的神奇的方块，你会发现方块里面的数字是按对称的方式排列的。利用对称性，许多在数学上很聪明的人制订了创建幻方的方法。历史上有一些对幻方着迷的名人：美国的本杰明·富兰克林（Benjamin Franklin）；德国的阿尔布雷特·杜勒（Albrecht Duerer）；伊曼纽尔（Emanuel），14世纪初住在伊斯坦布尔；印度的纳拉亚纳·潘迪特（Narayana Pandit），生活在14世纪初中期；法国的菲利普·德·拉·赫尔（Philippe de la Hire），生活于1640—1719年；瑞士数学家莱昂哈德·欧拉（Leonhard Euler），生活于1707—1783年。

一些数学家将幻方的概念扩展到描述任何一种网格，只要网格内的数字之间显示出有趣且可预测。数独库是古老的数字谜题，也是近年来在现代复兴的数字谜题之一——表明当今的人们也与古代人们一样对神奇的数字十分着迷。

一些西方国家的文化认为幻方具有宗教意义。在西班牙，幻方有时会被雕刻在大教堂的墙壁上。

很久以前，阿拉伯数学家像古代中国人一样，也发现幻方会使人愉悦。他们喜欢创造和解决复杂的幻方，并把这项活动称为“秘密科学”。

像中国人一样，古代阿拉伯人也作出了许多对数学的基础性贡献。“代数”（algebra）这个词就有一个阿拉伯语词根。

下面的三阶幻方供您尝试（图1）。一些数字已经被填入，以便您开始。您能正确将方块内的数字补充完成吗?

5		
	4	
1		3

图1 三阶幻方

五、强有力的移动

—— 一个印度的难题

古印度住着一位名叫西萨的智者。他是一个有学问，而且很温柔的人，同时也是一位富有创新精神的教师。国际象棋是西萨的伟大发明之一，这是一种在有六十四个白色和黑色交替的方格棋盘上玩的游戏。他希望这能帮助他的学生学会提前计划和集中注意力。确实如此，他的学生对国际象棋很着迷。

很快，王国里的每个人都开始下国际象棋。王国的国王谢拉姆也十分爱下棋。一天早上，当他移动大理石棋盘上的一枚镀金棋子时，一个问题映入了他的脑海。

“是谁发明了这个非凡的游戏？”他问。

“您自己的臣民之一，陛下，”一个朝臣回答，“一个名叫西萨的智者。”

“我必须奖励这个人。把他带到这里——要护送他来，确保他旅途舒适！”他专门吩咐道。

立刻，一队士兵和朝臣飞奔到西萨生活的村庄邀请西萨进宫觐见国王。西萨答应了国王的要求，第二天早上，他来到了国王的国际象棋室。一如既往地穿着破旧的衣服。

“这个游戏是你发明的？”国王惊讶地问。他几乎没有走出过皇宫，所以从来没见过穿着这么简朴的人。

西萨微笑着点了点头。

国王又上下打量了西萨一眼。“尽管相对于你的同龄人来说，你看起来还不错。但你看起来并不富有，告诉我你想要的任何东西吧，你就会得到它们。我比你能想象到的最富有的人还要富有，而且我会确保你尽快变得富有，因为你值得。”国王慷慨地说。

西萨是一个总是经过深思熟虑才说话的人，所以他说他真的很满足，没有任何愿望。但后来他突然想到，他确实有一个愿望。

他的沉默使国王感到不安。

“不要犹豫，”他说，“把你的想法说出来。”他以一种慷慨大方的姿态挥舞着他戴着珠宝的手指。“看看这个棋盘——它是用大理石和珍贵的金属做的。看看我——我穿着最好的丝绸。你的周围到处都是财富。你只需要告诉我你想要什么，我就会给你。

“慷慨的国王，”西萨说，“我是一个简单的智者，我的需求也很简单。我只请求从你的粮仓里得到一些麦粒。”

“麦粒？”国王惊讶地说，“你难道不想要别的东西吗？金子？银子？珍贵的宝石？丝绸？柔软的地毯？等着服侍你的仆人？一座属于你自己的宫殿？”

“我想要的就是麦粒，”西萨温柔地回答道，“因为是这棋盘的力量把我带到这里的，我请求您给我麦粒来交换棋盘上的方格。对于第一个方格，我想要两颗麦粒。对于第二个方格，我要二乘以二，也就是四颗麦粒。在第三个方格上，麦粒的数量应该是二的三次方，即二乘以二再乘以二，即八颗麦粒。所以，按照这个模式，我想要第四个方格上有二的四次方，也就是十六颗麦粒。以此类推，直到第六十四个方格。”

“这就是全部吗？你确定吗？”

“我确定，”西萨说，“你给我的麦粒将按着 2，4，8，16，…的顺序，我喜欢这一串数字的顺序。”

“如果这是你所希望的，那就是你会得到的，”国王说道，“我把你当成一个聪明人，但现在我有些怀疑了！带上你的一袋麦粒，你就可以回你的村庄去了。”

“我已经是个老人了，陛下，”西萨说，“即使是一小袋麦粒，对我来说也太重了。我可以请您派人把这些麦粒送到我们村子里去吗？”

“当然，”国王说，“日落之前，你的麦粒就会被送达你手中。”

西萨微笑着离开了。

国王在这一天剩下的时间里忙于处理王国的事务，他让宰相去处理西萨的奖赏。当太阳快落山的时候，国王发现宰相还没有从粮仓回来，就传唤了他。

几分钟后，宰相走近王座，站在那里，眼睛看着地板，用手捻着长袍。

“那个愚蠢的智者的一袋麦粒送给他了吗？”国王问道。

宰相缓缓地摇了摇头，仍然不肯与国王对视。

“为什么？”国王恼怒地问道。

“陛下，我们还在数麦粒。”

“还在数麦粒？”国王怒吼道，他的怒气越来越大。“你是什么意思，还在数麦粒？我答应过他，在日落前把麦粒送到他的村子里去。因为你的延迟，我将在我的一生中第一次被迫违背我的诺言！”

“这不是因为我才延迟的，陛下，我向您保证，”宰相说道，终于抬起了他的眼睛。“智者的聪明才智可能会使您重新考虑您的决定。”

“重新考虑？”国王说，“我从不重新考虑！去找皇家会计师或者擅长数数的人来帮助你，确保我的奖赏最晚在明天日落之前送到智者手里。”

“我会尽力而为，陛下。”宰相说。

第二天晚上，当太阳落下的时候，国王命人把宰相再次带到他面前。

而皇家天文学家替代宰相出现在朝堂上。他因他的数字和计算技能而闻名天下。

“陛下，我请求您允许我代替宰相发言。”他说。

“那个笨手笨脚的傻瓜在做什么，花了这么长时间来发放一个这么简单的奖赏？”国王喊道。

皇家天文学家平静地面对国王。“为什么我们不坐下来好好谈谈呢？”他建议道。

国王很不习惯被否定，他感到非常地愤怒和不安，以至于他想不出他该说什么。

皇家天文学家很快地继续说道："您粮仓中的麦粒数量无法满足智者的要求。事实上，要购买您答应给他的麦粒数量，国库里所有的钱都不够。"

"这不可能！"国王发出嘘声，"不可能的！"

"让我来告诉您为什么，"皇家天文学家说。他用华丽的笔触在卷轴左侧一长列里写下了从1到64的数字。"让我们来看看，"他一边说，一边享受着国王的困惑。"对于棋盘上的第一个方格，我们只欠西萨两颗麦粒。数字2可以表示为2的1次幂。任何数字的1次幂实际上就是它本身。这是一条规则，实际上，是一个定义，所以您只要接受我说的这句话就行了。"

"好吧。好吧，"国王说道，仍然感到心烦意乱。

"对于棋盘上的第二个方格，我们欠西萨2的2次幂，或者说2与自身相乘，也就是2×2，即4颗麦粒。"

"所以？"国王说。

“所以，这个数字序列会继续下去。对于第三个方格，我们欠西萨8颗麦粒，或者说数字2的三次幂，也可以说是2的立方，如果您继续……？”

“我知道2的立方是多少，”国王说。“立方是将一个数乘以本身三次，在这种情况下，它就是2×2×2，等于8。”

“不错，”皇家天文学家表示同意。“对于第四个方格，我们欠他的麦粒可以用数字2的4次幂算出来。我确信陛下很清楚，只不过是2×2×2×2，等于16。”

“所以呢？”国王说。“我们必须将我们算出的所有麦粒的数量加起来，也就是计算出数字2的幂以1为增量递增的数列的和，从数字2本身开始。于是，我们从2^1，2^2，2^3，2^4，…开始，一直到2^{64}，才能到达我们欠他的最后一个方格。这需要多长时间？

“陛下，”皇家天文学家说，“我毫不怀疑您能够自己算出来。那为什么不告诉我们最终的数字是多少呢？”

“当然啦！”国王说，“我可以在脑子里做到这一点。”

他静静地坐了几分钟，全神贯注地计算着。

“请把那个卷轴给我好吗？”过了一会儿，他说道，用很夸张的动作去拿它。“我脑子里已经算不清这所有的2了，但在纸上算会更容易些。”

皇家天文学家把卷轴递给他，然后悄悄地溜走了。那晚，国王并没有回到自己的寝宫。他一直在计算这个问题。

第二天早上，当太阳升起时，国王终于从王座上站起来，看上去非常疲倦。“让宰相来见我。”他轻声说道。

宰相走了进来，看上去就像是一个很久没有睡过觉的人了。

“我自己花了一个晚上的时间来解决这个问题，”国王说，“我现在知道为什么你无法履行我对智者的愚蠢承诺了。对于六十四个方格而言，我们欠他约

18 446 744 073 709 600 000

颗麦粒。

“我记得皇家建筑师曾经告诉我，一立方米的小麦大约有15 000 000颗麦粒。我一直在努力想象，多么大的粮仓才可以容纳西萨所要求的麦粒数量。如果我们想象一个粮仓，高度是现在的4倍，宽为10米，长为3亿千米，即使是这样，那就足够了吗？我一直在问自己。会吗？

就算是这么大的粮仓，它的容量也只有12 000立方千米，也就是 12 000 000 000 000立方米。”

宰相疲倦地点点头。

“即使地球上所有的土地都种上小麦，陛下，仍然不会收获到我们已经承诺了的麦粒的数量。”他轻声说道。

国王微笑着。

“是的，是的，我知道，”他说，“你真的需要好好睡一觉，我的好人。但在此之前，请确保你能再次把西萨带上朝堂。”

第二天，当西萨到达时，国王折服在智者面前。“你让我学会谦卑，”他说，“全世界都没有足够的麦粒来满足你的要求。”

西萨笑了。“我不需要你的麦粒，”他说，“但是，在你的王国里很多人都需要它们。给予那些需要的人要比财产和富有更能给我带来快乐和满足。”

国王低下了头，西萨祝福了他。然后，西萨步行离开皇宫，回到他的村庄，在那里，他在上床睡觉前和一个朋友安静地下了一盘国际象棋。

延伸阅读　分解……

乘法是四种基本算术技能之一。其他三种，当然是加法、减法和除法。算术是那一部分与数字密切相关的数学。这个单词源自古希腊作品“arithmetike”，意思是数字的艺术。

平方是一种非常特殊的乘法类型。假设您想要将数字2与其本身相乘（或者计算2的两倍）。您就可以写2×2，或者，您也可以写2^2，读作“2的平方”或“2的2次幂”（2的2次方），当然也就是4。

立方意味着将一个数字与其本身相乘三次。那么2的立方的含义与2的3次幂（方）相同，数学上可以写为2×2×2，或2^3，等于8。

当数字的幂不是2或者3的时候，就不存在诸如“平方”和“立方”之类的术语了。为什么呢？大概是因为它们很难被具体的形象化。例如，您可以想到数字2，一条有2个单位（2厘米、2毫米或2千米）那么长的线。所以您可以把2的平方或2^2想象为一个实际的正方形，其中每边都是2个单位长（例如，宽为2厘米、长为2厘米的正方形）。

现在，来说立方。您可以将2^3想象成一个立方体，其中每边都是2个单位长（长为2厘米、宽为2厘米和高为2厘米）。

除了2次幂或3次幂，您可以将数字的幂提高。在这个故事中，数字2被提升为不同的幂。但是，你能想象吗？按照正方形和立方体的逻辑，2^4会是什么样子？

这要困难得多，因为我们生活在一个只有三个维度的世界里：长度、幅度（或宽度）和高度。第四个维度在科幻小说中被提及到，但是人们需要很丰富的想象力才能想象出来。那么超越第四维度呢？想想就令人兴奋……但非常非常困难，即使在脑海中也很难想象。

事实上，这就是希腊人止步于正方形和立方体的部分原因。其他一些古老的文化，包括印第安人的文化，尽管挑战了他们的视觉想象力，他们还是理解数字可以提升到除 2 或 3 以外的幂。这使得古印度人能够使用我们现在所说的“对数”。在计算机和袖珍计算器时代之前，人们利用对数就能够进行大数字的乘法和除法。尽管印度使用对数，但西方世界直到 17 世纪才意识到它们。当时，一个叫约翰·纳皮尔（John Napier）的人独立发明了对数。

将数字提升到2和3以下（而不是以上）的幂会怎么样呢？这也很难想象，但在数学上却很容易。2^1 是多少呢？如果你遵循逻辑，那就是 2；事实上，任何数字的1次幂就是数字本身。

2^0 是多少呢？我们定义任何数字的零次幂都等于1。所以 2^0 与 64^0 或 108^0 相同……所有这些都等于1。

许多古代人对数字的平方很着迷。在现在的中东地区，美索不达米亚天文学家早在公元前 2 000 年就保存了大量的平方表格。巴比伦人还保留了乘法表、平方表、立方表，以及更多更多的其他表格。

六、分鹅

——一个以色列民间故事

从前有一个很贫穷的农民，他发现自己和妻子、孩子们坐在餐桌旁，但却没有东西给他们吃。

“我们该怎么办？”他绝望地哭泣，“我们已经没有食物了，而且是在这样的严冬里。”

“你会想到办法给我们找一些吃的。”他的妻子充满信心地说道。

“我们一无所有，”农民说，“除了我透过窗户看到的外面雪地里站着的那只鹅。但它不够我们所有人吃。”

“好吧，有一点儿总比没有好。”他的妻子说。

“还不够，”农民嘀咕道，“一只鹅对我们所有人来说还不够。”

他的妻子身材高大，站得笔直，看着他的眼睛说：“我确信你会让它变得足够的。”

于是，农民走到雪地里，把鹅杀了。在远处，他看到一辆马车驶过——那是村里的富人巴林的马车。

他有了一个主意。

“我要去找巴林，”他说，“我会让这只鹅足够我们吃饱。”

农民来到巴林家，他说：“我给你带来了一只鹅作为礼物。这是我和我的家人所拥有的一切。”

“谢谢你，”巴林说，“我们从不轻视任何礼物。现在你一定要加入我们，在我们的餐桌上一起吃晚饭。但请告诉我，你认为在我们之间要如何分一只鹅呢？”

在桌子周围，巴林的身边坐着他的妻子、两个儿子和两个女儿。

“我会按最公平的方式来分配这只鹅，”农民拿起刀对巴林说道，“你是一家之主，所以鹅头属于你和你的妻子。”

巴林高兴地笑了。“这是明智的。”他说。

农民砍下鹅的两条腿，递给巴林的两个儿子每人一条。“很快你们就会离开家，走上自己人生的崭新道路。”他说。

男孩们坐直了身子，感觉自己很重要。

农民把鹅的翅膀砍下来，递给了巴林的两个女儿。

“有一天你们会飞上天空，”他对她们说，“而翅膀会帮你们飞行。”

女儿们都被农民描述的场景迷住了。

“如果你不介意的话，我可以拿走这只鹅剩下的部分吗？”农民最后对巴林说。

“一点也不介意，”巴林说，“但是既然你在分配工作方面做得如此出色，我是不是应该给你一只鹅，让你带回家给你的家人呢？”

然而，农民却有不同的想法。

“那就太客气了，”他说，“我看到你的餐桌上还有另外五只鹅，如果可以的话，请让我帮忙分配 它们。”

“如果这是你的愿望，为什么不呢！”巴林说，“我会很高兴看到你作出另一个公平的分配，不过你还是可以把一只完整的鹅带回家。”

农民把五只鹅中的一只递给了巴林和他的妻子。

“你们加上这只鹅正好是三个。”他说。

他又拿了第二只鹅，交给巴林的两个儿子。

“现在你们加上这只鹅也正好是三个。”他说。

他把第三只鹅放在两个女儿面前。

“现在我们也是三个了，”她们高兴地说。

“我和剩下这些鹅是三个，”农民说着，把剩下的两只鹅拉到自己手边。

于是，农夫腋下夹着两只鹅回家了，比他一开始带来的一只鹅多了一倍——再加上巴林给他的黄金，那是用来奖励他公平分鹅，以及他能优雅地解决问题的杰出能力。

延伸阅读　回到过去……

理解除法的一个简单方法是：它是一个表示“分享”的数学词。如果你想将10块糖果平均分给5个孩子，你可以这样写：按数学方式，是10÷5。

除法和减法以另一种类似的方式相互关联，就像乘法和加法之间的关系。除法确实只是重复减法。所以10÷5就是说从10中尽可能多地减去5的次数。你可以这样做多少次？两次。那是因为如果你第一次从10中减去5，你就剩下5；或者，10－5＝5。当然，你可以从这个余数中再减去5，但减完后你将剩下零。所以你必须停下来（5－5＝0）。所以10÷5＝2，因为你可以从10里面拿走5两次。

同样地，乘法只是重复加法。例如，2×3无非是把2相加三次：2＋2＋2（或者，如果你愿意的话，也可以是把3相加两次）；同样地，你可以将2×3视为将数字3相加两次：3＋3（或者，也可以是把2相加三次）。在乘法（和加法）中，顺序并不重要。所以2×3 ＝3×2。

算术运算的符号已经存在了几个世纪。当然，不同的文化使用不同的符号来表示加、减、乘和除。古埃及的加减法符号看起来有点像男人向前或向后走的简笔画！

1881年，在印度西北部，一位农民在挖土时发现一个石头围栏。那里面有70块白桦树皮。树皮上有用古梵文书写的内容。他意识到这是一个令人难以置信的重要发现。尽管他保护了这些白桦树皮，并引起人们对这些树皮的关注，但在经过检查后发现，其中大部分已被毁坏。虽然它的重要性被试图翻译它的英国学者G.R.凯（G.R.Kaye）等压制了（他们常常缺乏对古梵文的足够透彻的了解，或者试图将所有主要的数学进步归功于希腊人），但幸运的是，这些树皮残存的部分至今一直被保存在牛津大学。

这份文件被称为巴赫沙利手稿，可能是最古老的印度数学文本，而且似乎没有任何宗教内涵。它涵盖了多种主题：分数、平方根、算术、利润、损失、利息，以及更高级的数学。手稿里面有表示负数的符号，相乘的数字挨在一起，相除的数字一个叠着一个。

巴赫沙利手稿有多少年历史了？学者们意见不一，有些人认为它最迟写于公元 7 世纪，其他人则认为它大约写于公元 400 年。不管怎样，它已经足够古老了！

七、（整）分骆驼

—— 一个印度民间故事

从前，在拉贾斯坦邦的印度大沙漠里，住着一个人和他的十七头骆驼。当他七十五岁时，他决定把他的财产留给三个儿子，并要独自度过生命的最后几年，以便寻找安宁。他不喜欢流泪告别，所以写了一份遗嘱，在一个晚上悄悄离开了。

第二天一早，阳光在天空中划出一道粉红色的小条纹，儿子们醒了。看到父亲的离开，他们感到很悲伤，但他们也是非常务实的年轻人。于是几个小时后，大儿子决定，是时候宣读他们父亲的遗嘱了。

遗嘱上写道："我把我的十七头骆驼留给我的三个儿子。""十七头骆驼的九分之一归我最小的儿子所有，我

的二儿子将获得十七头骆驼的三分之一，大儿子将获得十七头骆驼的一半。”

三个儿子把遗嘱读了一遍又一遍，却无法就他们的父亲希望他们做什么达成一致。

“十七除以九不等于二，但是大于一，”最小的儿子说，“既然我得到的份额是最少的，那么多给我一点是公平的。给我两头骆驼吧！”

“不行，”大儿子说，“如果你拿的多于你应得的份额，我得到的肯定会比我该得到的少。我是最大的，所以如果有人将要得到多一点，那就应该是我。十七的一半就是八个半。既然半头骆驼对任何人都没有什么用，我应该拿九头骆驼。”

“不行，”二儿子说，“为什么你要拿的比你应得的多呢？十七的三分之一等于五又三分之二。我拒绝接受少于五又三分之二的骆驼，因为那是我应得的份额。”

于是，他们争论来争论去，直到太阳高高地升起在天空之上，沙子像液态的黄金一样闪闪发光。

最后，最小的儿子说道：“你们看，这事儿显然太棘手了，我们自己是无法解决的。我们要不要请别人帮忙？”

“你是对的。或许我们应该问问住在水塘边的老妇人。”大儿子建议道。

“好主意。”二儿子同意道。

最小的儿子也点头说：“他们说她是非常聪明的女人。”

于是三兄弟把骆驼拴在一起。大儿子爬到了第一头骆驼背上，二儿子爬到了第二头骆驼背上，最小的儿子爬到了最后一头骆驼背上。他们一起来到了水塘附近，看到老妇人坐在小屋外棕榈树下的阴凉处。三兄弟下了骆驼，恭敬地走了上去。

她看了一眼站在她面前低着头的他们。“有什么麻烦吗，孩子们？”她问。

“老人家，我们需要您的帮助，”大儿子说，“我们的父亲离开了我们，留下了十七头骆驼。我将继承其中的一半，但十七的一半不是九也不是八。我想我应该拿走九头骆驼，但我的兄弟们不同意。”

“为什么不同意？”老妇人扬起眉毛问道。

“如果他拿走的大于他的份额，我的就会少一些，而且我不愿意放弃我应该得到的份额。”二儿子解释道。

“那你应该得到的份额是多少？”老妇人问道。

“三分之一，老人家。十七的三分之一虽然不到六，但比五多。我应该怎么做呢？一头不完整的骆驼对任何人来说都是没有用的。”二儿子说道。

老妇人还没来得及说话，最小的儿子就跳了起来。“我只剩下十七头骆驼的九分之一。我可以拿走比我应得的稍多吗？因为我分得的骆驼数量最少了。”

兄弟们又开始争吵，就像上午的时候一样。老妇人若有所思地看了他们一会儿。然后，她把手放在大儿子的身上，说：“你们是兄弟。不要互相争斗。”

“但是，我们要违反父亲制定的分配财产的规则吗？”大儿子说，“这是我们必须做的吗？”

聪明的老妇人闭上了眼睛。“你们遇到了一个难题。十七是一个很难去分开的数字。”她说。

“我们到底要怎么办呢？”最小的儿子担心地皱起眉头问。

“你们看到我院子里的那头骆驼了吗？”老妇人说道，“把它牵过来，绑在其他骆驼旁边。我把它加进你们的财产中。”

“我们不能这么做！我们不能带走您的骆驼！”大儿子惊讶地喘着气。

另外两个兄弟也盯着她，被她的慷慨感动得说不出话来。

“按我说的做。”她命令道。

三兄弟服从了。当十八头骆驼全部绑在一起时，智慧的老妇人对最小的儿子说：“你的份额是九分之一吗？”

“是的，老人家。”他温顺地说。

“你能把十八除以九吗？”

“是的，十八除以九等于二。”

“好的。说得对，”老妇人赞叹道，“现在，你有了两头骆驼会很高兴吗？”

“是的，因为这比我应得的份额还要多。”最小的儿子高兴地说。

“从你父亲的骆驼里选择两头，并保证不要再争吵了。”她说。

“我保证！”最小的儿子急忙说道，试图掩饰声音中的喜悦。他选了两头最强壮的骆驼就匆匆离开了。

另外两个兄弟很不高兴。现在，他们将得到的骆驼数肯定会更少！

聪明的老妇人向二儿子招手。“你的份额是三分之一吗？”

“是的，”他用不满的语气说道，“我应该得到不少于五又三分之二头骆驼。”

“十八除以三等于六。除了我的那一头，选择六头骆驼，然后发誓你知足了。”

“我当然会！这比五又三分之二多，而不是少。”二儿子高兴地叫道。他选了六头好骆驼，迅速扬长而去，因为他确信这个老妇人犯了一个严重的错误。

大儿子心里非常不高兴。“老人家，我至少应该有八头半骆驼，”他无法掩饰他的失望说，“你为什么给我的兄弟多了，留给我的少了？”

“耐心点，我的孩子。你将得到十八头骆驼的一半，而不是十七头的一半。你知道那是多少吗？”

“是的，那是九头骆驼了。”大儿子义愤填膺地回答道。

“那就带走那九头不属于我的骆驼吧。”老妇人说道。

大儿子盯着前方，惊讶地发现，事实上，除了老妇人的骆驼之外，还有九头骆驼。

“你创造了奇迹！”他喘着气。

“不完全是。”老妇人谦虚地说。

“我们该如何感谢您呢？”他问道，仍然感到不知所措。

“通过与你的兄弟和平相处来感谢我吧！”她回答道。

当大儿子带着他的九头好骆驼离开时，她从棕榈树下站了起来，走向了她自己的骆驼。

“你改变了一切，老朋友。”她抚摸着它温暖的脖子说道。骆驼用鼻子蹭了蹭她的胳膊肘，他们一起看着天空中的最后一丝红色消失在沙漠黄昏的黑暗中。

延伸阅读　玩数字游戏……

有些数字，如18，很容易被整除，因为它们有很多因数。数字的因数是这个数字的一个精确除数。1，2，3，6，9，18是18的因数，可以整除，无须留下任何剩余部分。例如，$18\div3=6$，$18\div2=9$ 和$18\div9=2$。或者，换一种说法，十八的一半等于九（$18\times\frac{1}{2}=9$）；十八的三分之一等于六（$18\times\frac{1}{3}=6$）；十八的九分之一等于二（$18\times\frac{1}{9}=2$）。

但并非所有数字都有如此多的因数。事实上，17只有两个因数：1 和 17。$17\div1=17$且$17\div17=1$；$17\div2$将会有一个余数; $17\div3$ 和 $17\div9$ 也是如此。

17及所有其他像17这样只有两个因数的数字（1和数字本身）被称为素数。而且数字1之所以非常特殊，是因为它是唯一一个只有一个因数的数字——它本身。

这与故事有什么关系?

父亲的遗嘱让三兄弟感到困惑，因为所有的份额最终会得到分数——很尴尬，人们怎么能够做到不夺走一头骆驼的生命而又把它分开呢?

如果三兄弟知道如何把他们除法的答案进行“四舍五入”或者说“取整”，他们就可以自己解决问题了。四舍五入是在当计算结果包含小数部分时进行的。当小数部分为一半或超过一半时，四舍五入到下一个（更大）整数。若小数部分小于一半，则取近似值到最接近的上一个较小整数。

例如，最小的儿子必须将 17 除以 9，即结果为$1\frac{8}{9}$。由于九分之八大于一半，因此$1\frac{8}{9}$可以四舍五入为2，这是1之后的下一个整数。

二儿子的份额是$5\frac{2}{3}$。三分之二比一半要大，因此$5\frac{2}{3}$四舍五入到下一个更大整数，即6。

大儿子的份额是$8\frac{1}{2}$。由于一半或超过一半的任何分数都会四舍五入到下一个更大整数，$8\frac{1}{2}$四舍五入为 9。

这位老妇人没有费心地向三兄弟解释数学。她只是在心里做了一些聪明的计算：18 ÷ 9 = 2，18 ÷ 3 = 6，18 ÷ 2 = 9，而2 + 6 + 9 = 17，并意识到，如果她假装把她的骆驼给三兄弟，他们可以去分 18只骆驼，而不是素数 17只骆驼，并得到令人满意的整数——或者说骆驼——作为结果。当然，最终她会拿回自己的骆驼。

八、填满空间

——一个埃塞俄比亚民间故事

从前，有一位聪明而又富有的农夫。当他年纪大了，觉得自己不久于世时，他决定将财产分给儿子们。他的大儿子名叫吉尔玛（Girma），意思是“可敬的”或“尊敬的光环”；他的二儿子名叫德梅克（Demeke），意思是“变得更聪明”或“去照亮”；他最小的儿子名叫布雷哈努（Brehanu），意思是“光”。

“一旦我死了，”农夫想，“我的儿子们可能会吵架。最好是让他们现在就了解我的愿望，并且赞同我的主意。”

于是他把他的儿子们找来，说：“我的孩子们，今天，我想趁我还活着的时候，把我的财产分配给你们。如

果你们想质疑我的决定，现在就可以这样做，我会向你们解释我的理由。”

“谢谢您，父亲。”吉尔玛、德梅克和布雷哈努说道。

“我的土地很容易分割，”父亲说，“所以你们每个人都会分到大小相同的一份。”

“谢谢您，父亲。”三个儿子再次说道。

“父亲，谁将继承这座房子呢？”布雷哈努接着问道。

父亲微笑着，眼睛里闪烁着光芒。“这是一个很难的问题。我希望房子属于你们中最聪明的那一个。你们谁最聪明呢？”

“这由您决定，父亲。”吉尔玛说。

“确实如此，”父亲同意道，“这就是我将如何决定由谁继承房子的试题。”他招手示意儿子们靠近他。他张开拳头，他的手掌心里有三枚硬币。

“每人拿一枚硬币，”父亲说，“带着它去市场里花掉。谁能买到可以填满这个房间的东西，谁就将继承这个房子。现在就出发吧！请记住，你们每个人都只能花掉这一枚硬币，并且要在天黑之前返回。”

这所房子建造得很坚固，也很漂亮，所有的儿子都很喜欢它。每个人都想成为房子的继承人。他们立即出发去市场。当他们到达那里时，就分道扬镳了。

吉尔玛想了很久。然后，他想到了一个主意。他跑回农场，并推着一辆马车去市场。他用稻草把马车装满了。即使只花一枚硬币，也能得到大量稻草。他对自己非常满意。也许，他没有足够的稻草来填满整个房间，但他确信他买的东西可以填充的空间，一定会比他的兄弟们能买到的任何东西都多。

德梅克思考的时间比吉尔玛还长一些。只用一枚硬币，他能买得到什么东西足以占据房子里很多的空间呢?

羽毛！他可以买到一袋又一袋的羽毛！

“我一定能拿到房子！”他高兴地喊着，一路唱着歌回到农场，背上背着又大又轻的麻袋。

吉尔玛和德梅克等待着布雷哈努加入他们，但是，时间一分一秒地过去了，布雷哈努还是没有出现。然后，当太阳落到地平线以下时，暮色的黑暗开始蔓延到大地，布雷哈努回来了。

当吉尔玛注意到布雷哈努既没有麻袋，也没有马车时，他笑了。“他连一个主意也没想出来，”他想，“可怜的布雷哈努！”

“兄弟，你怎么两手空空呢？”德梅克大吃一惊。“难道你已经放弃了？”

布雷哈努摇摇头。“不是这样的。”他说。

儿子们一起走进屋里，站在父亲面前。而父亲正在对他们微笑。

“你要先试试吗，我的老大？”他问吉尔玛。

吉尔玛点点头。他把马车拉到前门附近，开始将稻草铺在地板上。当所有的稻草都撒完后，房间里一片狼藉，但却仍然有一半以上是空的。

“干得好。”父亲说，吉尔玛笑了。

“确实干得好，兄弟，但也许我可以做得更好。”德梅克说。

“也许吧，”父亲说，“现在，让我们来看你的尝试吧。”

儿子们清理了房间里的稻草，德梅克开始把羽毛从他的麻袋里倒出来。当德梅克清空最后一袋时，房间仍然只有不到一半的地方被羽毛覆盖。

父亲轻轻打了个喷嚏，因为一根羽毛飞进了他的鼻孔中。“现在我们来看看我最小的孩子拿着什么吧。”他说。

三个人把房间里的羽毛打扫干净，然后，布雷哈努走进了房间，两手空空。他从右边口袋里掏出一个又长又细的东西。那是一根蜡烛，他把它放在房间的中央。然后，他又从左边的口袋里掏出一个小东西，是火柴。他擦亮了火柴，点燃了蜡烛。火焰噼啪作响，闪闪发光。当烛光稳定下来时，柔和的光芒充满了整个房间。

“多聪明的主意啊！”德梅克惊呼道。

吉尔玛点点头。他虽然很失望，但还是微笑着看着自己最小的弟弟。

“我想我们都同意，”父亲说，“房子将归布雷哈努所有。”

布雷哈努微笑着，他的黑眼睛在柔和的烛光下闪烁。

“谢谢您，父亲。谢谢你们，我的兄弟们。”他说。

吉尔玛、德梅克和布雷哈努一起在每个房间里点燃蜡烛。当整个屋子充满了烛光时，他们和父亲一起坐下来，分享他们的晚餐。

延伸阅读　解决问题……

光真的能像稻草或羽毛那样把空间填满吗？事实并非如此。但在故事中，父亲和兄弟显然被布雷哈努解决空间填满问题的方法迷住了。

每个三维物体占据一个空间，而这个空间的数量就是大家所知道的“体积”。另一种思考方式是，体积是一个物体里“物质”的数量。一个物体所占的空间与它的长、宽、高有很大关系。

一个房间内有多少空间？房间就像一个三维的长方形，也就是一个长方体。长方体的体积是它的长度乘以宽度再乘以高度。如果我们假设三兄弟试图填满的房间高为10米，长为6米，宽为2米，它的室内容积就是120立方米：$10\ \text{m} \times 6\ \text{m} \times 2\ \text{m} = 120\ \text{m}^3$。

您正在读的这本书体积是多少？您可以自己算一下

吗？当然，这本书是个长方体，所以您需要做的就是拿一把尺子，测量它的边长及它的厚度。但是，请确保您以相同的单位来测量所有长度——厘米(cm)、毫米(mm)。例如，书可能厚为5厘米、宽为8厘米、长为10厘米。如果是这样，您可以将所有测量值相乘，并将答案表示为立方厘米（$5\ cm \times 8\ cm \times 10\ cm = 400\ cm^3$。或者，您可以都用毫米为单位来表示（$50\ mm \times 80\ mm \times 100\ mm = 400\,000\ mm^3$）。

无论您做什么，都不要尝试用加减乘除来把你以厘米为单位测量的东西和以毫米为单位测量的东西放在一起计算。

当然，有些物体的体积，如长方体，比其他一些物体的体积容易计算。但是，即使是在古代，人们也已经找到了计算比长方体更复杂形状的体积的计算方法。

古埃及人必须计算他们想要建造的任何金字塔的体积。否则，他们就无法计算他们需要多少材料。他们发现，以正方形为基础的金字塔的体积=1/3 × 金字塔底面积 × 金字塔高。古埃及人意识到了保存他们的数学知识是多么重要，于是，他们在纸莎草纸上写下了重要的问题和解决方案。1848年，一位名叫莱茵德（Rhind）的英国收藏家获得了一些写有112个问题及其解决方案的纸莎草纸。它原本被命名为莱茵德纸莎草纸，但是，现代历史学家称其为艾哈迈斯纸莎草纸，因为它是由一位名叫艾哈迈斯（Ahmes）的古埃及抄写员写成的。

其他古代文明也提出了利用“公式”来帮助计算三维物体的体积。在中国，有一本书叫《九章算术》，被工程师和建筑师用作参考。它记载着计算三维物体体积的规则，用于建造城堡、房屋和运河。

一位名叫婆罗摩笈多（Brahmagupta）的印度数学家，生活在公元598—660年，为许多固体的体积设计了“公式”。印度数学家和天文学家阿里亚巴塔（Aryabhata）生活于公元475—550年，在婆罗摩笈多之前，他在一本名为《阿耶波多历数书》（*Aryabhatiya*）的书中编写了他那个时代的数学。这本书在13世纪被翻译成拉丁文，正是通过它，欧洲数学家最终学会了计算球体体积的方法。

九、王冠的重量

——一个希腊传说

很多很多年前，古希腊锡拉丘兹国王希罗决定为自己制作一顶新的纯金王冠。他把订单交给了一位他非常信赖的珠宝商。但是，这位珠宝商年纪已经很大了，他在王冠交付给国王之前就去世了。

这时候，国王很担心。如果王冠最终没有被值得信赖的珠宝商完成怎么办？如果他的一位助手制作完成了王冠并偷走了一些黄金怎么办？有什么办法可以知道制作王冠到底用了多少黄金？有没有办法在不破坏它的前提下，查明王冠是否是纯金的？

国王不知道该怎么办，所以，他派人去请数学家阿基米德。阿基米德时不时地会帮助国王解决问题。阿基米德

认真地听着国王的话。当他离开王宫回家的时候，他低着头想办法。这是一个棘手的问题。

他整夜都在思考，却没有想出解决办法。实际上，整整一个星期，他除了思考什么也没做。

他意识到，如果王冠中材料的密度与黄金的密度相同，就可以证明王冠确实是用黄金打造的。密度是质量除以体积。阿基米德可以通过在天平上称重来测量王冠的质量。但他到底怎样才能知道王冠的体积呢?

立方体的体积很容易测量—— 长度×宽度×高度。但他如何准确测量像国王的王冠这样奇形怪状的物体的体积呢?

到了周末，他的妻子已经受够了。

“阿基米德，你手上可能有一个难题，但你整个人都很臭！”她对他说，“去洗个澡吧！”

“好吧，好吧。”阿基米德无可奈何地答应了。

他把浴缸里放满水，人仍然在沉思着，只是把脚放进了浴缸。浴缸里的水微微上涨了一些。他把整条腿伸进去，看着水涨得更高。然后他整个身体进入浴缸里，水都溢出来了。

“我找到了！”他突然喊道，“我找到了！我已经找到了！”

他从浴缸里跳出来，高兴地大喊着跑出了浴室。是的！他已经找到了解决问题的办法了！

他跑出家门，用最大的声音喊：“我找到了！我找到了！”

当他回来时，他的妻子正等着他。

“阿基米德，”她摇摇头，说道，“你知道你刚刚做了什么吗？你光着身子在城里跑来跑去。”

阿基米德此时显得很震惊，然后他笑了。

“谁会在乎呢？”他说，“我会因为解决了国王的难题而被世人铭记。”

“还有，光着身子在城里跑来跑去！”他的妻子说。

她是对的。几个世纪后，阿基米德因这两件事而被人们铭记。

延伸阅读　一个数学主意……

阿基米德意识到，为了查明王冠是不是用纯金打造的，他需要确定构成王冠的金属的密度。如果王冠由纯金制成，它的密度就等于纯金的密度。

密度= 质量÷体积。

阿基米德可以通过称重来确定王冠的质量。但他怎么样才能知道王冠的体积呢?

当阿基米德躺进浴缸时，他突然想到了一个办法——浴缸中排出的水等于他的身体浸入水下部分的体积。第二天，他使用天平称出了王冠的质量。然后他开始测量王冠的体积——他将一个容器装满水，把王冠浸入水中，一部分水就会溢出来，这部分水的体积就是王冠的体积。一旦他知道了王冠的质量和体积，他就可以用质量除以体积，得到王冠的密度了。

在这个故事里，阿基米德测算出的王冠的密度与纯金的密度不同。显然，珠宝商并没有使用纯金来制作国王的王冠。

在古代欧洲文化中，古希腊人掌握的科学、数学和技术可能是最先进的，他们通常是在许多知识领域首先作出重大发现的人。解决国王问题的同时带给阿基米德另一个想法，这个想法被称为“阿基米德原理”。它解释了为什么有些物体能够漂浮在液面上，而其他物体则会下沉。

阿基米德原理指出，物体部分或全部浸没在液体中会受到向上的浮力，浮力的大小等于它所排出的液体的重量。如果物体浮在水面上，那么排出的水的重量等于物体的重量。这就是为什么很重的船都很大——如果船浸在水中的部分很小，那么只有少量的水会被排出；如果排出的水的重量小于船的重量，船就会沉没。

十、有多少颗星星？

——一个印度民间传说

有一天，当戈帕尔在向村里的池塘里扔石头时，他看到了一个穿着考究、戴着宝石装饰的头巾的男人的倒影，他在水边走着，低着头，陷入沉思。

“喂！你是谁啊？”戈帕尔问，“你从哪儿来？怎么会来到这里呢？又是什么让你如此烦恼呢？”

“这么小的孩子竟然提出这么多问题！”那人转向戈帕尔说道。

戈帕尔抬头看着他，满不在乎。“也许我可以帮助你。”他提议道。

那人叹了口气，坐到一块石头上。他摘下头巾，慢慢

地摇了摇头。

“没有人能帮忙，”他说，“我们都迷路了。”

“迷路了？我可没有迷路。我知道我是谁，我在哪里！”戈帕尔说。

男人悲伤地笑了笑。

“你知道自己身在何处，也只是暂时的，”他说，“很快你就会到别处，尽管你仍然在这个村子里。很快，你就会成为另一个人，尽管你本身不会改变。”

“什么意思？”戈帕尔问道。

“这个村庄即将成为另一个王国的一部分，”这个男人说道，“你将不再是一个自由的人；你将成为众多受压迫者中的一员、被与我们的王国接壤的纳瓦布征服的臣民。”

戈帕尔很惊讶。“怎么会呢？”他问，“根本没有打过仗啊。”

“是的，这是我们唯一值得庆幸的事情，”那人说道，“至少纳瓦布的接管不会造成流血事件。”

“纳瓦布怎么能接管我们？”戈帕尔问道。

“他邀请我们的国王去他的宫殿，”那人回答道，“当我们的国王在那里时，纳瓦布欺骗了他，让他承诺一周内交出王国，除非他能回答出某个特定问题。纳瓦布提出的问题不是一个能回答得出的问题，所以，我们的国王，他是一个诚实的人，要信守他的诺言，不得不在明天交出王国。”

“那个问题是什么呀？”戈帕尔问道，“也许我可以回答。”

“你？”那人被逗笑了，说道，“我们所有人，也就是国王的整个内阁都试图找出答案，但还是找不到答案，没有人能回答。纳瓦布问我们天空中有多少颗星星。即使我们尝试过整夜去数，每天晚上都数，我们一周内都完成不了——甚至一生都完成不了。”

“天上有多少颗星星？”戈帕尔重复道。

他想了想，眼睛里闪烁着星星般的光芒，高兴地说道："这是一个简单的问题。我知道这个问题的答案。"

"这件事是很严肃的。"那个男人说道。

"当然。"戈帕尔回答道。

男人凝视着他。他看得出来，这孩子是认真的。

"立刻带我去王宫，"戈帕尔催促道，"我们必须今晚就到达国王身边，在他明天会见纳瓦布之前。"

"答案是什么？"男人问道。

"答案是为国王的耳朵准备的，然后是为纳瓦布的耳朵准备的。"戈帕尔说。

那个人看得出来戈帕尔很固执。

"好吧，那么我们就出发吧。"他说。他吹了个口哨，一匹可爱的黑色骏马飞奔而来。他跳到骏马的背上，戈帕尔也跟着他跳了上去。他们疾驰而去，在夜幕降临时到达了宫殿。那个人把戈帕尔带进了国王的寝宫，把他留在那里。

第二天早上，那个人注意到国王在微笑。

“你找到了一个宝藏，”国王说道，“那个男孩真是块宝玉。”

国王骑马去迎接纳瓦布，戈帕尔坐着轿子跟在他后面。

纳瓦布正在等待。“你是来交出你的王国的吗？”他开心地问道。

“不，”国王说，“我是来回答你的问题的。”

纳瓦布怒目而视。“没有人能回答这个问题。”他说。

“哦，是的，有人可以。”戈帕尔说，从轿子上跳下来。

“天上有多少颗星星？”纳瓦布怒吼道，试图看起来尽可能地令人生畏。

“就像地球上所有沙滩上的沙粒那么多。”戈帕尔回答道。

纳瓦布惊讶地张大了嘴巴。过了好一会儿他才想起来再次合上它。他咳嗽了一声，清了清喉咙。

“既然我已经回答了你的问题，你就必须答应让我们两国永远保持和平。”戈帕尔严厉地说，“试图接管你邻国的土地并不是一件好事。”

纳瓦布看上去很无助。“我只是开玩笑，你知道，”他说，“只是开个玩笑。”

“当然，”国王说，“所以，让我们现在就在这里签署和平条约。”

当国王回到他的王国时，他胜利地挥舞着和平条约，他的大臣们欢呼雀跃。所有人中最开心的就是那个找到戈帕尔的人。

“聪明人，你不留下来和我们一起工作吗？”他问。

戈帕尔笑了。“我会的。”他说。

延伸阅读 大，更大……

天上星星的数量真的和地球上沙滩的沙粒数量一样多吗？谁知道？可能谁都不会知道。

戈帕尔只是想证明一个观点，所以他想出了一个巨大的数字，对于他或他同时代的任何人来说，这个数字是不可能被准确计数的。如今，科学家和数学家经常使用巨大的数字。研究星空的天文学家需要使用巨大的数字，研究沙子和海滩的地质学家也是如此。

大数字虽然很难写，但想起来却很有趣。有时我们用幂来表达它们，而幂只是数字乘以它们自己。例如，不想写1 000 000 000，你也可以写10^9（因为如果你将10乘以自己9遍，你最终会得到这个巨大的数字）。

科学家使用特殊单位来描述巨大的数量。例如，在公制单位中，“兆（mega）”表示某个数乘以1 000 000。

或者，从数学角度思考，“兆”的意思是（×1 000 000）。同样地，你可以说“兆”这个词能帮你想到10^6。所以1兆就是10^6。1 000 000 000又将如何表示呢？科学家对这个范围内的数字也有一个特殊的词：“吉（giga）”。所以，“吉”的意思是（×1 000 000 000）。同样地，你可以说“吉”是一个词，能帮你想到10^9。一个千兆瓦（gigawatt）等于10^9瓦（watt）。一个古戈尔（googol）是10^{100}—— 一个非常、非常大的数字，搜索引擎Google的名字就来源于此！

十一、美食轮盘

—— 一个俄罗斯的脑筋急转弯

一个寒冷的冬日下午，十位教授到一家餐馆吃饭。他们是第一次尝试走出大学一起吃饭，当他们走近长方形的餐桌时，他们不确定自己应该如何坐。每个人都想坐到餐桌的首位。

“在我看来，”一位博学的语言学教授说，“我们应该按名字的第一个字母顺序来坐。因为我的名字的第一个字母排在最前边，所以我要坐在餐桌的首位。”

最年长的教授显然对语言学教授这个想法感到失望。“我是最年长的人，”他说，“所以我有权利坐在桌子的首位。”

“恰恰相反，”最小的一位教授说，“我是所有人中年龄最小的、最有创意的。我应该坐在桌子的首位。”

“我认为，”地理学教授说，“我们应该根据故乡的地理方位来坐。在座的各位中，我来自俄罗斯最北端的城市，因此，我应该坐在餐桌的首位，我们可以把它视为北方。其余的人可以根据您故乡所在的位置，按顺序往南边坐。”

这样的情况一直持续着。每位教授都发表了自己的观点，他们的声音越来越大。餐馆老板担心他们这种愚蠢的行为会扰乱大厅的平静，并且导致其他顾客离开。话又说回来，他也不希望教授们离开而影响生意。

一位年轻的服务员注意到老板皱着眉头，说道：“不用担心。我有个主意。”

他向这群牢骚满腹的人走去，热情地打招呼。“你们好啊，请问我可以打扰一下吗？”

教授们安静下来，转过头去看是谁插进了他们的讨论。

“你们为什么不停止争论，今天，我来告诉你们每个人的位置，”服务员提议道，“而且我会记下你们坐的顺序。下一次你们再来的时候——明天或者下周——你们再以不同的顺序坐。这样一直下去，直到你们以各种可能的方式坐下，而且，在你们完成所有顺序的那一天，我们老板免费请你们吃饭。”

教授们对年轻的服务员微笑。其中一人拍了拍他的背。

“多么好的建议啊！”他说，“是的，我们就按照他说的去做吧，很快，我们就将获得一顿免费大餐啦。”

大家都急于做成这笔好买卖，于是纷纷坐下来吃饭。

服务员回到了老板身边，老板的神色看起来仍然有些担心。

“好吧，年轻人，你已经解决了今天的问题，但我可不想赠送十份免费大餐。”老板说道。

服务员微笑着说道。

“当我不在餐馆服务时，我在大学学习数学。”他说，“别担心，你永远不必免费赠送一顿饭。或者说，大约一万年内，你都不需要这样做，即使他们每天都会来吃饭。”

“你确定吗？”老板疑惑地问道。

“当然啦，”服务员说，“你看，十个人会有 3 628 800 种方式围坐在桌子旁。”

“你怎么知道呢？”

“我来给你看，”服务员说。他拿起了一把刀和一把叉子。“我们有几种方式放这两种物品？”他问道。

“很容易呀。两种方式。左边放刀，右边放叉子，或者，左边放叉子，刀放在右边。”

“正是。”服务员又拿起一把勺子。“现在有三种物品啦。三种不同的物品有多少种可能的放法呢？”

老板不得不好好思考一下。他把勺子放在左边，刀放在中间，右边放叉子。然后，把勺子留在原地，他交换了叉子和刀的位置。这是两种可能性。他还能想到多少种放法？他有条不紊地排列着。

“有六种方法可以排列三种物品。”完成了几个试验后，老板说道。

“好，”服务员说，“现在，让我们在其中再加入一个盘子。如果您有四种物品，您能计算出有多少种可能的排列方法吗？”

老板用不同的方式排列物品，并记录下不同的排列，以避免重复。这很有趣，但他可以预感到，这个排列过程会很快变得很乏味。

“有二十四种方法可以排列四种物品，”他说，“但是，不要再增加一种物品，还让我来解决它。这将花费太多时间。有没有通用的你知道而我不知道的数学规则？”

年轻的服务员点了点头，笑得合不拢嘴。

“您能猜到吗？”他问。

“两种物品，两种方式。三种物品，六种方式。四种物品，二十四种方式。”老板陷入了沉思，但最终还是放弃了。

“这就是规则，”服务员说，“两种不同的物品可以排列出$2\times1=2$ 种不同的排列方式，无须重复。对于三种物品，有$3\times2\times1=6$ 种可能的不同的排列方式。对于四种物品，排列方式的数量为$4\times3\times2\times1=24$。

“啊哈！”老板说。“所以对于五种物品。可能的排列方式的数量就是$5\times4\times3\times2\times1$，对吗？”

“是。”

“这太令人着迷啦！所以这十位教授可以坐在桌子周围的方式的数量就是$10\times9\times8\times7\times6\times5\times4\times3\times2\times1$，不管那到底是多少。”

“这个数字，”服务员得意洋洋地说，“是3 628 800。”

老板咧嘴一笑。

“你为自己赢得了加薪，年轻人，”他说，“总会有一天，你会取代我的位置。

“谢谢你的加薪，”服务员回答，“有一天，我希望自己能成为一名大学教授。”

“到那时，”老板对年轻的天才说，“我真诚地希望你拥有比我们今天餐馆里的人更和蔼可亲，而且不那么自负的同事。

服务员轻笑了一声。

“我也希望如此，”他说，瞥了一眼十位教授的方向，他们终于停止了争吵，耐心地坐着，等着他们的饭菜。

“还好，我的数学教授没有和他们在一起，否则我这招永远都不会成功的。”

延伸阅读　无法解决……

你知道感叹号有一个数学意义吗？它甚至还有一个不同的名字。在数学中，符号“！”被称为阶乘。

阶乘是编写特殊类型的数学语言的便捷方式。我们不用写10×9×8×7×6×5×4×3×2×1，相反的，我们可以将它们简单地表示为10！。所以，如果我们写5！，它意味着1×2×3×4×5，或5×4×3×2×1，你可以任选一种方式（从1升序到某个数字，或从某个数字按降序到1）。

按照同样的逻辑，4！＝4×3×2×1＝24，而3！＝3×2×1＝6，2！＝2×1＝2。所以你能想到什么？1！意味着什么呢?

1！＝1。也就是说，1的阶乘等于1。

我们可以做一个概括，对于任何数字n，n！是从1到n连续数字的乘积（如果你喜欢从小到大计数）。当然，如果你更喜欢倒着数，你可以说 $n!$ 是从 n 到1连续数字的乘积，这也是正确的。因为，正如我们之前所说，顺序无关紧要。在你把数字相乘或者相加时，顺序都不重要。你可以随心所欲地从 n 来向后数或者向前数。

那么，如果你的书架上只有三本书，包括这本，您可以用多少种方式来摆放这些书呢？假设这三本书分别是《数学传说故事》《数学教科书》《数学故事书》。

这是需要花较长时间解决这个排列问题的示例。你可以摆放这三本的书的方式如下：

1.《数学传说故事》《数学教科书》《数学故事书》

2.《数学传说故事》《数学故事书》《数学教科书》

3.《数学教科书》《数学传说故事》《数学故事书》

4.《数学教科书》《数学故事书》《数学传说故事》

5.《数学故事书》《数学传说故事》《数学教科书》

6.《数学故事书》《数学教科书》《数学传说故事》

解决这个问题的捷径是使用俄罗斯服务员的技巧：排列3种物品方法的数量（不重复，当然，不遗漏任何一本书）是3！。你知道了这个规则，所以不需要花时间去实际整理书籍，并通过试验查看有多少种可能的方法，你就可以很快地说有6种方法可以在书架上排列这3本书，因为$3!=3\times2\times1=6$。

十二、公平的分配

—— 一个印度故事

在印度的一个小村庄里，住着两个农民，他们是好朋友，一个叫拉朱（Raju），一个叫夏姆（Shyam）。每天，他们一起出发干活，每个人都拎着一个包裹，里面装着他们的妻子为他们准备的午餐。通常这是一顿简单的饭——米饭和木豆。但是，有时候，妻子们会挤出时间制作热腾腾的塞足了馅儿的馅饼。

每天中午左右，拉朱和夏姆都会从工作中短暂休息一下，坐在一起分享午餐。有一天，在烈日下工作了几个小时后，他们一起盘腿坐在一棵大榕树的树荫下。他们解开包裹，看看里面有什么午饭。

“啊，帕拉塔[1]！”拉朱喊道，“滴着酥油！”

夏姆看了看他带的是什么。

“我也有帕拉塔！”他喊道。虽然帕拉塔是由两个不同的女人制作的，但是根本没有办法区分它们。它们外观看起来一样，大小也几乎一模一样，只是拉朱有三个帕拉塔，夏姆有五个。

像往常分享午餐时一样，他们把所有的帕拉塔放成一堆，然后正要把这堆东西切成两半，每人吃一半。这时，一个年轻的旅行者礼貌地向他们打招呼。他看起来很疲倦。

两位农民面面相觑，脑子里浮现出同样的想法。“你愿意和我们一起吃饭吗？”他们问道。

“你们可真是太好了。”年轻的旅行者感激地说，“那可太好啦。这些帕拉塔都把我馋得流口水了。”

于是拉朱和夏姆将他们的一堆帕拉塔切成了三等份，他们一起吃，平均分配，享受简单的饭菜。当他们吃完后，

① 帕拉塔（parathas），印度的一种未发酵的饼。——译注

旅行者向他们致以万分感谢。然后他把手伸进挂在腰间的一个丝绸袋子里，掏出了八枚闪闪发亮的金币。

两位农民惊讶地倒吸一口冷气。他们以前从未见过这么多的黄金。

“不，不，”拉朱摇摇头说，“您不用付钱。”

“我们很乐意和您分享食物，”夏姆说，“这不是为了收钱。”

“我也非常自愿地给你们这些。很高兴认识你们！”旅行者说道。

尽管两位农民一直摇头，但旅行者还是坚持。再次感谢他们之后，他将八枚金币留在了之前放帕拉塔的地方，然后继续他的旅程了。

两位农民盯着金子。

“我们不能把这笔钱留在这里。”夏姆说。

“他让我们别无选择，只能接受。”拉朱表示同意。

“但是我们该如何分配呢？”拉朱问道，“现在有八枚金币，我们是两个人。我觉得我们应该每人拿四枚金币。这将是一个公平的分配，不是吗？”

夏姆挠了挠头。“嗯嗯……”他缓缓说道，“我今天带了五个帕拉塔，而你只带了三个。所以在我看来，我们好像一开始就不是平等的，你不觉得吗？”

拉朱看上去若有所思。“那你有什么建议呢？”他问。

“我在想，”夏姆继续说道，“我应该拿五枚硬币，而你应该拿三枚。这对我来说似乎很公平。”

拉朱不想和他的朋友争吵，但他没有被夏姆的观点说服。

就在这时，他们看到儿子们从村里的学校回来了。两个男孩挥了挥手，走到他们面前。

“这是怎么回事啊？”拉朱的儿子看着父亲忧心忡忡的脸问道。

“嗯，你不用担心哦。”拉朱说。

“事实上，你们两个看起来几乎是在打架。”夏姆的儿子说。

夏姆不知道该说什么。于是，他告诉了两个孩子真相。

“我们给了一个旅行者一些食物，他付了一些钱给我们，”他说，“但我们不知道该怎么分这些钱。”

“我可以帮助你。我们在学校学了除法。”夏姆的儿子自信地说。

“这对你们来说太复杂了，”拉朱说。你看，我有三个帕拉塔，夏姆有五个。我们把它们堆起来，再分成三份。我们每个人都吃得一样多。然后，旅行者给了我们八枚金币。我们怎么来分这八枚金币呢？

“很简单，”他的儿子在快速思考后说，“你应该得到一枚金币，夏姆叔叔应该得到七枚。

“什么！”拉朱惊呼道。“简直是胡说。”

“我很想拿七枚金币，”夏姆说，“但是，这样分配对我来说似乎是不对的。

他的儿子轻蔑地看着他。“你们两个的数学比我们认识的任何人都差，”他说，“你应该得到七枚，拉朱叔叔应该得到一枚。”

“为什么我应该得到七枚？”夏姆怀疑地问。

男孩们笑了。“自己想想！”他们说完就跑去玩了。

两个人坐在一起，想了很久。最后拉朱说：“夏姆，我们是多年的朋友了。有时你带更多的帕拉塔，有时我带更多。但这是我们第一次也是唯一一次有人付钱给我们。我不想为此争吵。我们的友谊太珍贵了。我会同意你来决定这一切。”

夏姆对他的朋友笑了笑。“你说得对，”他说，“我认为我不应该得到七枚金币。我甚至不明白这种分法。让我们各取四枚，继续做好朋友吧。”

拉朱笑了笑。那天晚上晚些时候，他告诉了他的妻子这个故事。

“你很幸运，”她说，“你应该只得到一枚金币。”

“这就是我们的儿子说的，”拉朱说，“可是为什么呢？”

“总共有多少帕拉塔？”他的妻子问道。

“我的三个和夏姆的五个，”拉朱说，“一共八个帕拉塔。”

“你们有几个人分享了帕拉塔？”

“三个人。”

“好。既然你们把帕拉塔堆起来切成相等的三份，那么一共有多少份呢？

“呃……”拉朱开始算了。

“八个帕拉塔，每个都切成三份……”他的妻子提示道。

“呃……”拉朱说。

“如果将八个帕拉塔中的每一个切成三块，在你们开始吃饭之前，一共就有二十四块。” 他的妻子说。

“是的，二十四块，” 拉朱很快说，“我知道的。我们切开那堆帕拉塔后，平均分享了二十四块同样大小的帕拉塔。”

“那你们每人吃了多少块？” 他的妻子问。

“嗯……” 拉朱说。

“二十四份，由三个人平均分配，每人多少份？” 他的妻子道。

“二十四除以三，你说呢？” 拉朱问。

“是的，” 他的妻子耐心地说，“你们每人吃了八块，对吗？”

“当然。我们每个人都吃了八块，” 拉朱重复道，所以那个旅行者付了八枚金币，每块帕拉塔就是一枚金币！

“还记得夏姆开始有多少个完整的帕拉塔吗？”

“五个。”拉朱说，对这个简单的问题松了一口气。

“那么，在这二十四块中，有多少来自夏姆的帕拉塔？”

“好吧，这个，”拉朱说，“恰恰就是我问自己的问题。

拉朱的妻子摇了摇头，放纵地笑了笑。“有十五块是来自夏姆的帕拉塔，因为，他有五个帕拉塔，每一个都被切成三块，而五个三是十五。假设在这些帕拉塔里，夏姆吃了八块，而你们的客人吃了七块。如果一块帕拉塔斯值一枚金币，那么旅行者应该欠夏姆七枚金币。而你，拉朱，一共有九块帕拉塔，因为三个三就是九。你自己吃了其中的八块，只留下一块给旅行者。所以你应该只有一枚金币。

“哈，”拉朱说，“但是，如果旅行者吃了四块我的帕拉塔，四块夏姆的那应该怎么办呢？或者吃了我的五块，吃了他的三块？”

他的妻子叹了口气。“在每种情况下，答案都是一样的，”她说，“因为那样就意味着你会吃掉夏姆的一些，然后你会欠他的金币，因为你吃了他的帕拉塔。

他们的儿子跑了进来。“我饿了！”他大喊。

于是，他们坐下来吃另一顿饭。

延伸阅读 算对了……

你同意拉朱妻子和儿子的观点吗？你觉得拉朱应该得到多少枚金币呢——四个、三个，还是一个？

如果你无法找到正确答案，请尝试一步一步来算，并弄清楚拉朱妻子的想法。解决这个问题最简单的方法就是她的方法：在旅行者吃掉的8块帕拉塔中，只有1块来自拉朱的帕拉塔，而其他7块来自夏姆的帕拉塔。

如果你是那种喜欢思考其他可能性的人——这是一个非常好的思考方式——你可能会问，如果旅行者吃了4块拉朱的帕拉塔和4块夏姆的帕拉塔呢？或者吃了5块夏姆的帕拉塔，3块拉朱的帕拉塔呢？

在所有这些情况下，你会发现答案都是一样的。那是因为，每个人吃的食物都是相等的。所以在这些情况下，拉朱必须吃掉夏姆的帕拉塔中的一部分。拉朱每吃一块不属于他自己的帕拉塔，他就欠夏姆一枚金币。在付给夏姆钱后，他就会发现自己还是只剩下了一枚金币。

但是，话又说回来，只有当我们忽视了友谊时，这一切才是公平的。良好的友谊可能会因为金钱的争吵而破裂——但是有时，就像拉朱和夏姆的例子一样，他们足够强大，可以不因为分配问题而破坏友谊。分享真的可以定价吗?

十三、纵横交错的逻辑

—— 一个关于“思考”的美国民间故事

有一次，一位农民经过长途跋涉后，必须穿过一条水流湍急的河流才能回家。他带着一只狗、一只公鸡和一袋玉米。无论是农民，还是农民的狗或公鸡，都不会游泳。

农民租了一条船，但它不够大，无法装下所有东西后一次性全部过河。事实上，这艘船太小了，任何时候都只能容纳除了他自己之外另外一样东西。

当然，每次出行，农民都必须在船上，因为他是唯一能划船的人。但他面临着两难的境地。

他不想让狗和公鸡单独待在岸边，因为这只狗是一只饥饿的猎犬，毫无疑问，它会一口吃掉公鸡。

同样地，他也不想让公鸡单独和玉米待在一起，因为饥饿的公鸡是不可信的，当他不在的时候，公鸡肯定会把玉米吃掉。

他站在河岸边苦苦思索。这条河的水面很快就会上涨，他必须尽快过去。为了自己的安全，冒险渡河是很不明智的。河水汹涌澎湃，他每拖延一分钟，河水就上涨一分。

他最少需要几次才能把这三样东西都安全带过河呢？

五次，他意识到。需要五次。

他是怎么做的呢？

延伸阅读 拆分……

德国数学家莱布尼茨（Leibniz）写道：“音乐是一种秘密的算术练习，而沉迷于此的人并没有意识到自己正在操纵数字。”波斯诗人奥马尔·海亚姆（Omar Khayyam）也是一位优秀的数学家。然而，当我们谈论创造力时，我们通常想到艺术而不是科学。

这可能是因为数学和科学都是基于逻辑的，而乍一看，创造力似乎与逻辑关系不大。然而，逻辑可以被以创造性的方式进行运用。最优秀的科学家和数学家创造性地发挥想象力，为那些缺乏创造力的人无法解决的难题提出了解决方式。

通常，这些科学家和数学家无法准确地表达，是什么帮助他们得到巧妙的答案。创造性的过程常常无法描述。

这个简短的民间故事有很多版本，通常在印度、非洲部分地区和美洲流传着。每个故事里，动物可能会变化——豹子或狐狸，山羊或母鸡，植物也会变化——草或稻草。但是农民的问题总是相同的。

对此，至少有两种可能的解决方案。下面是其中之一：

在第一次旅行中，农民让狗和玉米一起待在岸边。农民则把公鸡带到对岸。

他划着一艘空船回来，然后带着狗过河。

他把狗放下，再把公鸡带回来（因为他不能把狗和公鸡一起留在对岸）。

然后他把公鸡放下，把玉米带到对岸。

他又划着一艘空船回来了。（狗和玉米分别在两岸，嗯，这样很好。）

最后一程，他拿起公鸡，把它带到对岸，并继续他的旅程。

第二种解决方案是什么？发挥你的创意吧！

十四、64个通往天堂的戒指

—— 一个越南的数字故事

越南的河内有一位国王，他善良、公正，人们都热爱他。他只有一个缺点——他花了很多时间去担心一件几乎不可能发生的事件。他担心世界末日何时到来。

慢慢地，他越来越痴迷于这种担忧，以至于开始忽视国家事务。每当遇到一个智者，国王都会向他询问这个问题的答案。但是，没有人知道，而这只会让国王比以往任何时候更加害怕和担心。

后来，有一天，一位智者来拜访国王。“陛下，”他说，“我做了一个关于世界末日的梦。在梦中，一个灵魂来到我身边说，你应该在河内红河岸边建造一座寺庙。在寺庙内，您应该放置三颗金属钉，并在其中一个面上放置

六十四枚金戒指。戒指应该是不同的尺寸。最大的应该在底部，然后逐渐变小，最小的正好在顶部。

“这和世界存在多久有什么关系？”国王疑惑地问道。

“住在寺庙里的僧侣在冥想的时候，将不得不做一项工作，”智者继续说，“他们必须将戒指从一颗钉子上挪到另一颗上，可以使用第三颗钉子作为辅助。这些规则绝不能被打破。每次只能把一个戒指换位，禁止将较大的戒指放在较小的戒指上。当所有的戒指都转移完毕后，世界将走向末日。”

国王在河内建造了寺庙，并告诉僧侣们，当他们接近完成任务的时候通知自己。知道他的问题很快就会得到答案，而且他至少会在世界末日之前得到警告，国王开始继续做其他事情，也再次开始关注他的职责。

只要国王活着，僧侣们就不会完成任务。事实上，虽然他们在几千年前就开始工作，他们的继任者仍在继续做。但是你知道完成他们的工作需要多长时间吗？

延伸阅读　收场……

有时，解决问题的最佳方法是做试验。尝试用这个实用的方法来解决河内寺庙的难题吧。

拿4枚不同大小的硬币，将它们堆叠在碟子上，把最值钱的硬币放在底部，其余的按递减顺序摆放，顶部是价值最小的硬币。在桌子上再放两个碟子。你必须将所有硬币移动到第三个碟子中，用和开始时一样的方式堆叠起来（最大价值的硬币在底部，其余按降序排列，最小价值的硬币在顶部）。你可以使用第二个碟子作为临时存放处，但你必须遵守这些规则：

（1）你应该在第三个碟子上以相同的顺序摆放硬币，方为结束。

（2）你一次只能移动一枚硬币。你不能一次拿起两枚硬币，交换它们或做其他类似的动作。

（3）切勿将价值较大的硬币放在价值较小的硬币上。

这里有一个提示。如果硬币的数量是奇数，那么将第一枚放入第三个碟子；如果硬币的数量为偶数，那么从第二个碟子开始。

你最少要移动多少次才能达到你的目标呢?

现在，使用三枚硬币来重复试验，然后用两枚。你注意到规律了吗? 你能基于这个规律来作出一个普遍的规则吗?

如果你做的一切都是正确的，你会发现：

如果有两枚硬币，你就需要3次移动，将价值较小的硬币放入中间的碟子，价值较大的硬币放入第三个碟子，价值较小的硬币再放入第三个碟子。假设我们写成2^2-1，即4−1，等于3。

如果开始时，第一个碟子中有三枚硬币，那么需要7次移动。第一步将两枚较小的硬币移至中间的碟子中，需要3步，然后将价值最大的硬币放入第三个碟子，然后将两枚硬币从中间移到第三个碟子，这又是3步。所以这可以写成$3+1+3$或2^3-1，两者都等于7。

对于四枚硬币，将价值较小的三枚移到中间，即7次移动。然后将价值最大的放入第三个碟子中；然后是将三枚价值较小的硬币放入第三个碟子中，这又是7步。继续之前的规律，我们可以将其写为$7+1+7$或2^4-1，两者都等于15。

因此，即使不这样做，你也可以猜出如果是五枚硬币需要几次移动。你可以吗？如果你认为需要$2^5-1=32-1=31$步，那你就是对的。

因为故事中的僧侣有64枚戒指，这意味着，他们需要2的64次方减去1次移动——或者，用数学的方式写出来，即$2^{64}-1$。所以，即使每次移动只需要一秒钟，实际上这是一个不切实际的极短的时间，那么在一小时内他们可以进行3 600次移动。即使以如此快的速度工作，通宵达旦，移动一整天，他们每天也只能作出大约十万次移动。而他们需要超过580 000 000 000年才能完成这项工作！